SOLUCIONES SIMPLES
PARA LOS TRABAJADORES DE LA CONSTRUCCIÓN RESIDENCIAL

GUÍA BÁSICA PARA PREVENIR
LESIONES EN EL MANEJO MANUAL DE MATERIALES

SOLUCIONES SIMPLES
ÍNDICE DE CONTENIDOS

INTRODUCCIÓN 3

1. Lesiones a los tejidos blandos 4
2. Costos de las lesiones 5
3. Manejo de materiales 6
4. Almacenar y colocar materiales 8
5. Levantar y cargar 10
6. Mover materiales 12
7. Levantar y bajar 14
8. Levantar paredes exteriores 16
9. Levantar cerchas 18
10. Colocar y sostener materiales 20
11. Manejo repetitivo 22
12. Ejercicios de fortalecimiento y alargamiento muscular 24
13. Resumen 26
14. Protección para trabajadores 28
15. Recursos para la seguridad en la construcción 30

RECONOCIMIENTOS

Jason Cato (Diseño); Mary Ann Zapalac (Ilustraciones); Consejo Nacional del Seguro de Compensación (información de costos de lesión sin publicar, p. 5); Ecuación de Levantamiento de NIOSH revisada (recomendación de límite de peso, p. 16); Jennifer Hess, DC, PhD (pp. 24–25). Agradecimientos especiales para los subcontratistas de la construcción residencial y los trabajadores cuya participación en los grupos de discusión dio forma a este cuaderno.

DESCARGO DE RESPONSABILIDAD

Este documento es del dominio público y puede ser copiado o reimpreso libremente. La mención de cualquier compañía o producto no representa el respaldo del Instituto Nacional para la Salud y Seguridad Ocupacional (NIOSH por su siglas en inglés). Adicionalmente, la referencia a sitios de internet externos a NIOSH no constituye un respaldo a las organizaciones patrocinadoras o de sus programas o productos. Además, NIOSH no es responsable por el contenido de estos sitios de internet.

SOLUCIONES SIMPLES
INTRODUCCIÓN

La construcción residencial es un trabajo físicamente demandante y el manejo manual de materiales puede ser la parte más difícil del trabajo. El manejo manual de materiales incluye todas las tareas que requieren que usted levante, baje, empuje, jale, sostenga o cargue materiales.

Estas actividades incrementan el riesgo de esguinces y torceduras dolorosas y lesiones más serias a los tejidos blandos.

Los tejidos blandos del cuerpo incluyen músculos, tendones, ligamentos, discos, cartílagos y nervios. Estas lesiones causan dolor, sufrimiento y pérdida de ingresos para los trabajadores. También pueden restringir actividades no relacionadas con el trabajo, como deportes y pasatiempos. Los costos para los trabajadores y los empleadores incluyen pérdida de productividad y altas compensaciones de la prima del seguro de los trabajadores.

Este cuaderno proporciona información básica sobre prácticas de trabajo fácilmente disponibles y equipo que puede ayudar tanto a nuevos trabajadores, contratistas y constructores, como también a los más experimentados, a prevenir lesiones serias por manejo manual de materiales.

LESIONES A LOS TEJIDOS BLANDOS

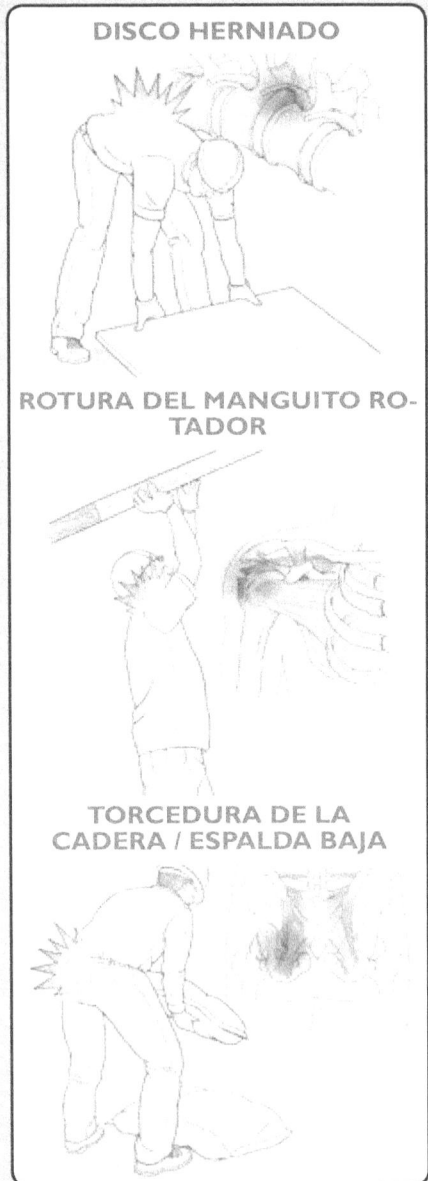

- DISCO HERNIADO
- ROTURA DEL MANGUITO ROTADOR
- TORCEDURA DE LA CADERA / ESPALDA BAJA

Las lesiones a los tejidos blandos son diferentes de los huesos rotos, los moretones o pinchazos. Son lesiones a los músculos, discos, tendones, ligamentos, cartílagos y nervios.

LESIONES A LOS TEJIDOS BLANDOS

- Son comunes con el manejo manual de materiales
- Ocurren de pronto o se desarrollan con el tiempo
- Afectan espalda baja, hombros, cuello, codos, brazos, manos, muñecas, caderas, piernas, rodillas, tobillos y pies
- Causan incomodidad diaria, dolor y pueden resultar en discapacidad
- Puede tomar meses o años arreglarlas—en caso de que tengan arreglo
- Interfieren con el trabajo y con actividades no relacionadas con este

COSTOS DE LAS LESIONES

Los costos de compensación para los trabajadores para el tiempo promedio perdido por daño de hombro son de $20,000 y 25,000 por la espalda.

COSTOS PARA LOS TRABAJADORES

- Incomodidad, dolor y pérdida de ingresos
- Restricción de actividades como deportes y pasatiempos
- Posibilidad de gastar en atención médica

COSTOS PARA LOS EMPLEADORES

- Pérdida de productividad
- Incremento de las primas de compensación laboral

COSTOS PARA LA SOCIEDAD

- Gastos médicos para los trabajadores no asegurados
- Pagos de incapacidad del Seguro Social

MANEJO DE MATERIALES
ESTRÉS EN EL CUERPO

El estrés en el cuerpo y el riesgo de lesiones se incrementan cuando:

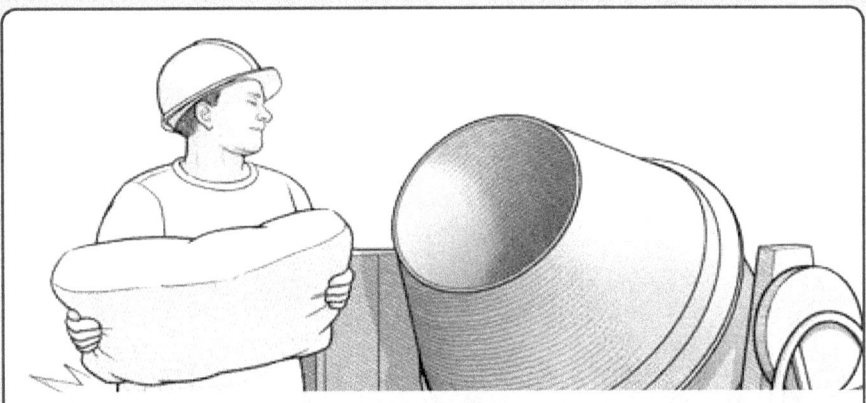

- Se levantan, cargan o sostienen materiales pesados o no balanceados, especialmente lejos del cuerpo.
- Se realizan movimientos torpes o rápidos para levantar o colocar materiales.

- Se dobla hacia abajo o tuerce la espalda cuando levanta materiales.

MANEJO DE MATERIALES
ESTRÉS EN EL CUERPO

El estrés en el cuerpo y el riesgo de lesiones también se incrementan cuando:

- Se sostiene materiales por encima de la cabeza o lejos del cuerpo por largos periodos.

- Se levantan, sostienen o colocan materiales pesados, de manera reiterada
- Se sostiene materiales lejos del cuerpo.

ALMACENAR Y COLOCAR MATERIALES
PROBLEMAS

Los materiales mal colocados incrementan el manejo de material y el riesgo de daño y disminuyen la productividad.

Los problemas de almacenamiento de materiales incluyen comúnmente:

- No planear dónde deben colocarse los materiales antes de ser entregados.

- Colocar los materiales lejos de donde serán usados o lejos de donde podría ser necesario llevarlos, resultando en manejo innecesario.

- Almacenar materiales muy por debajo al nivel del suelo o en áreas confinadas dificultando su manejo. A la altura de la "cintura" o el "cinturón" es mejor.

ALMACENAR Y COLOCAR MATERIALES
SOLUCIONES

Colocar materiales cerca del área de trabajo reduce el manejo del material y los riesgos de lesiones e incrementa la productividad.

Un mejor almacenaje y colocación de materiales incluye:

- Planear con anticipación en dónde serán almacenados los materiales cuando sean entregados.
- Colocar materiales cerca de donde serán usados y en donde no sean un estorbo para el paso de los demás.
- Almacenar materiales por encima del piso, a una altura entre las rodillas y el pecho. Dejar espacio para caminar entre materiales.

LEVANTAR Y CARGAR
MADERA

Evite doblarse hacia abajo para levantar tablas de madera largas. Sólo levante un extremo de la tabla antes de levantarse y caminar hacia la mitad de la tabla. Descanse la tabla en su hombro y levántela. Colóquese una almohadilla en el hombro para amortiguar el peso de la tabla.

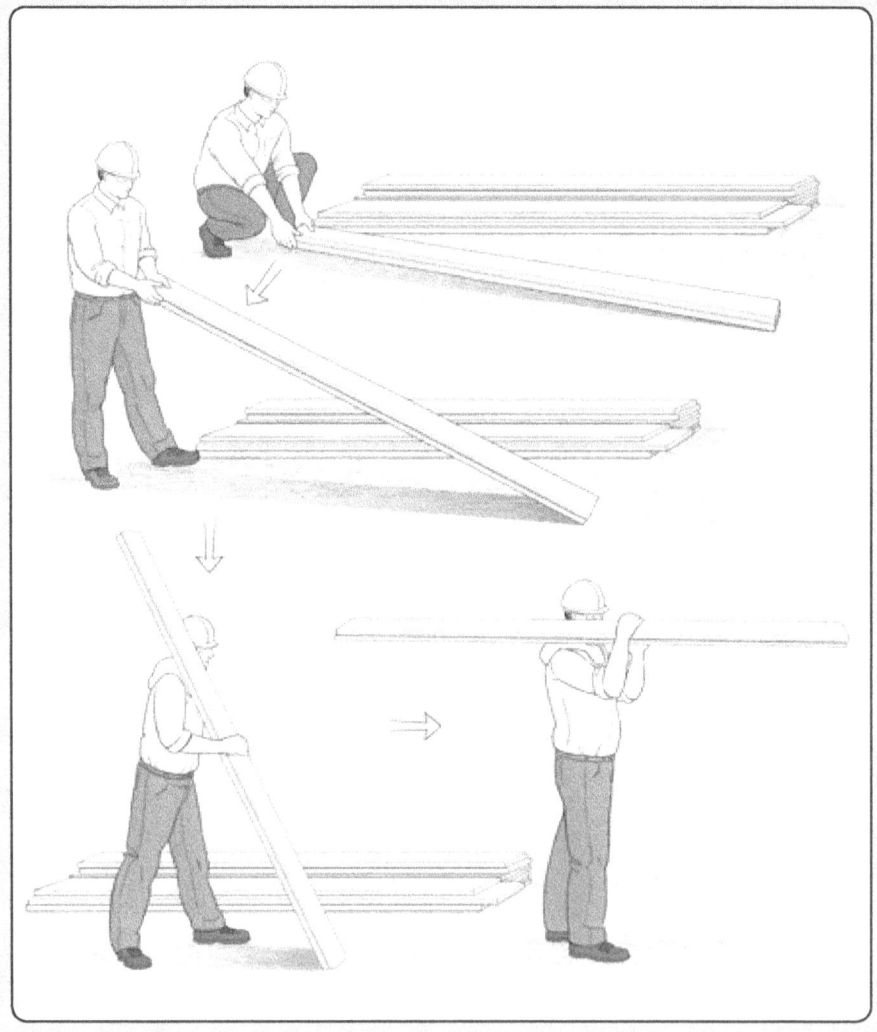

LEVANTAR Y CARGAR
LÁMINES DE MATERIALES

Es más fácil levantar láminas de un montón apilado. Pero cuando estén más cerca del suelo, use sus piernas para levantar, no su espalda. Colóquese lo más cerca posible de la lámina. Levante la lámina y luego inclínela para que pueda sostenerla con firmeza en el centro. Después deje que la lámina se nivele y levántela hasta una posición cómoda.

SOLUCIONES SIMPLES para Trabajadores de la Construcción Residencial • 11

MOVER MATERIALES
HERRAMIENTAS MANUALES

Usar herramientas y equipo simples puede reducir el esfuerzo del cuerpo al cargar materiales pesados.

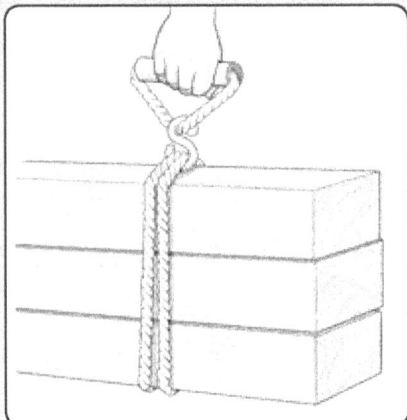

Asas hechas con tubos y cintas para dos personas para levantar madera pesada.

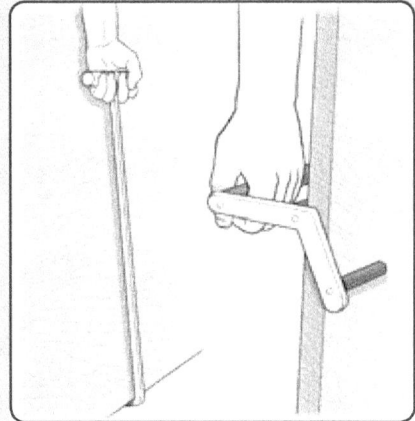

Los transportadores de panales para una y dos personas reducen la acción de doblarse y hacen que cargar sea más fácil.

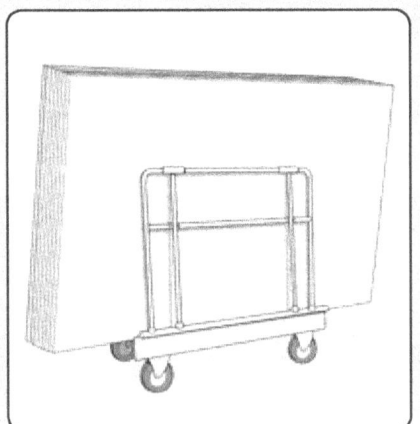

Carretillas portapaneles mantienen los materiales por encima del suelo y mueve los materiales de lámina en el piso.

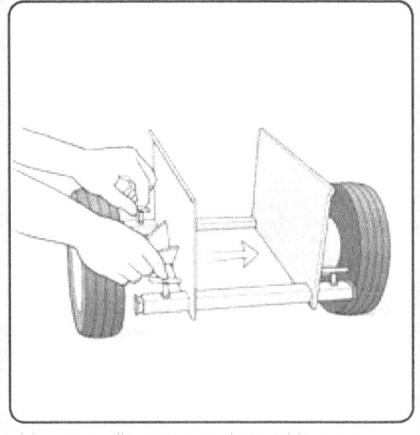

Una carretilla portapanel ajustable soporta cargas pesadas en ruedas neumáticas.

MOVER MATERIALES
MANEJAR EQUIPO

Los constructores/contratistas pueden proporcionar equipo mecánico para mover materiales pesados y reducir el estrés en el cuerpo e incrementa la productividad del trabajador.

Los proveedores descargan materiales utilizando grúas montadas en camiones o montacargas.

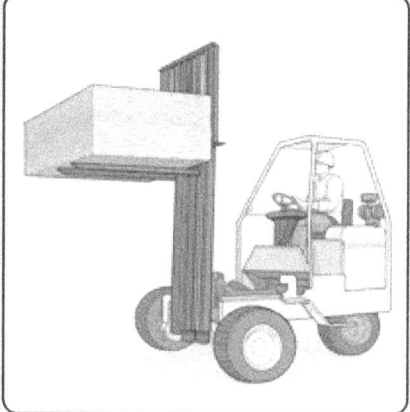

Los montacargas en el sitio de trabajo mueven materiales rápidamente a donde serán usados.

Los minicargadores pueden moverse alrededor en sitios de construcción difíciles.

Mueva materiales con minicargadores para operar caminando por detrás, carretones motorizados y otro tipo de equipo compacto.

SOLUCIONES SIMPLES para Trabajadores de la Construcción Residencial • 13

LEVANTAR Y BAJAR
PROBLEMAS

Levantar y bajar materiales pesados incrementa el riesgo de lesiones en los tejidos blandos de la espalda, hombros y cuello. Heridas por golpes y caídas desde las alturas pueden incrementar cuando las cargas pesadas son manejadas entre niveles.

OSHA requiere que se agarre de la escalera con una mano todo el tiempo y prohíbe cargar materiales al subir y bajar una escalera.

LEVANTAR Y BAJAR
SOLUCIONES

Prevenga las lesiones al cargar menor peso y por menos tiempo. Utilice equipo de levantamiento mecánico para eliminar el manejo manual innecesario de los materiales.

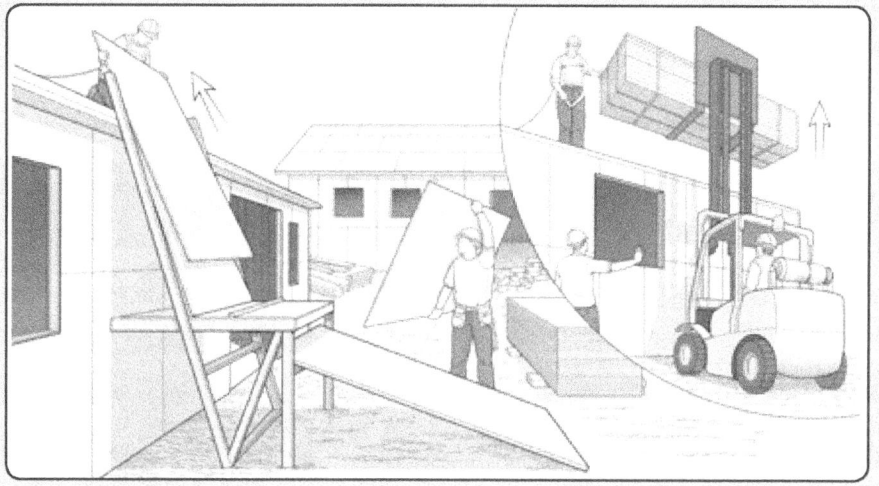

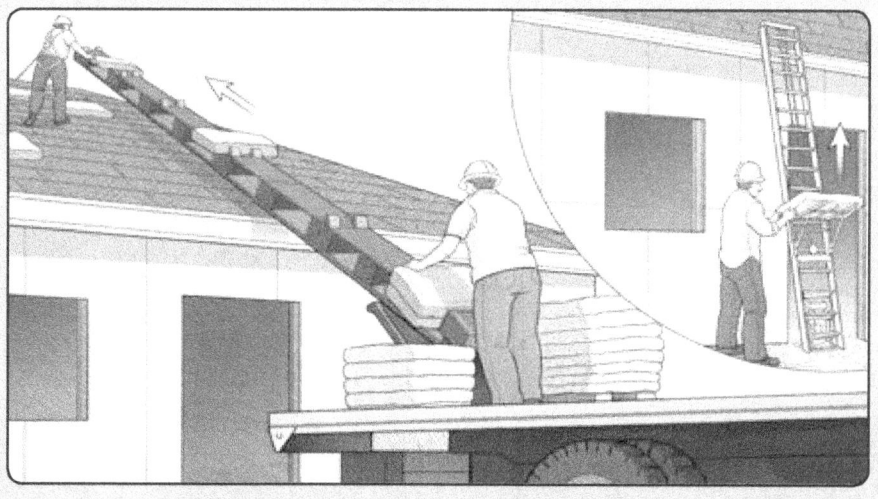

LEVANTAR PAREDES EXTERIORES
PROBLEMAS

Las paredes exteriores de 12 o más pies pesan más de 250 libras. Levantar paredes manualmente incrementa el riesgo de esguinces musculares y otros daños. Nunca levante más de 50 libras sin ayuda. Utilice suficientes personas para que nadie levante más de 50 libras.

Levante con las piernas, no con la espalda. Trabajen juntos, no unos contra otros. Utilicen puntales y refuerzos para sujetar el muro.

LEVANTAR PAREDES EXTERIORES
SOLUCIONES

Los gatos motorizados y manuales pueden ser usados para levantar paredes exteriores pesadas. Los equipos pequeños pueden levantar fácilmente paredes pesadas usando los gatos, que pueden ser comprados o rentados.

LEVANTAR CERCHAS
PROBLEMAS

Las cerchas de menos de 20 pies pueden ser levantadas con las manos. Utilice suficientes personas para que nadie levante más de 50 libras. Levante cerchas con grúas u otro equipo cuando sea posible. Equilibre las cerchas entre las cuerdas para prevenir que rueden.

Coloque y asegure las tablas que usará como deslizador de cerchas. Levante las cerchas con una acuerda amarrada a la parte más alta. Evite doblar la cercha.

LEVANTAR CERCHAS
SOLUCIONES

Levante las cerchas para techo de más de 20 pies de largo usando una grúa u otro equipo. Cumpla con las regulaciones de seguridad de grúas y protección de caídas de OSHA y siempre siga las recomendaciones del fabricante de las cerchas.

COLOCAR Y SOSTENER MATERIALES
PROBLEMAS Y SOLUCIONES

Sostener y colocar manualmente vigas-I pesadas, y vigas de madera o laminadas aumenta el riesgo de los trabajadores de sufrir esguinces y torceduras, caídas, huesos rotos y dedos aplastados.

Colocar una viga-I con las manos a través de una pared de cimiento puede resultar en un daño que cause discapacidad o muerte.

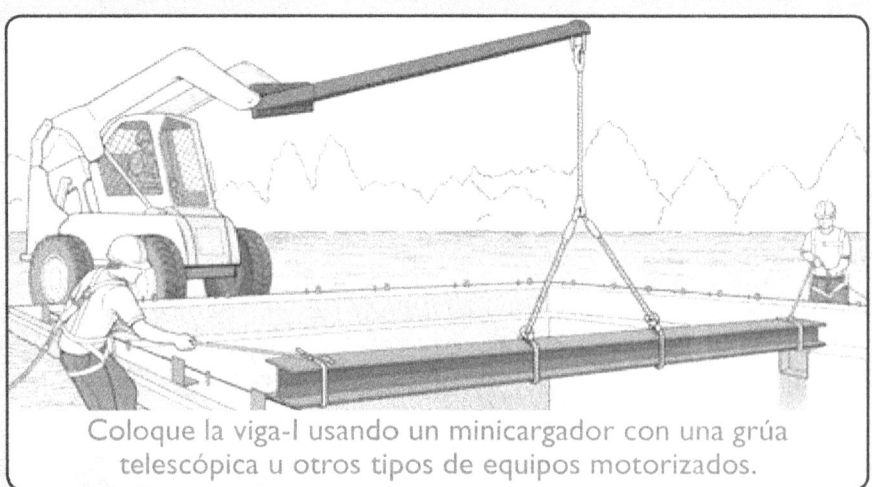

Coloque la viga-I usando un minicargador con una grúa telescópica u otros tipos de equipos motorizados.

COLOCAR Y SOSTENER MATERIALES
PROBLEMAS Y SOLUCIONES

Sostener y colocar manualmente láminas por encima de la cabeza, como tablas de yeso, puede lastimar los músculos del cuello, la espalda, los hombros y brazos. Use herramientas como puntales en T o elevadores mecánicos para sostener las tablas contra el techo.

Manejar tablas de yeso por encima de la cabeza fatiga los músculos y puede ocasionar daños en cuello y hombros.

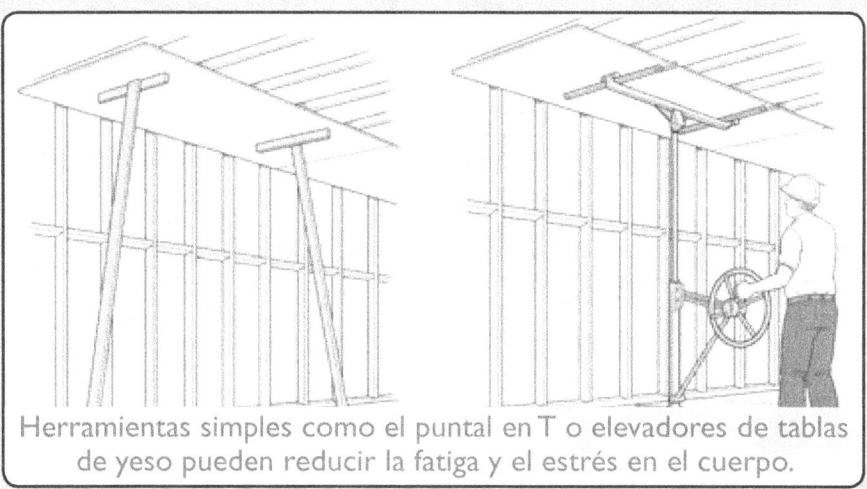

Herramientas simples como el puntal en T o elevadores de tablas de yeso pueden reducir la fatiga y el estrés en el cuerpo.

MANEJO REPETITIVO
PROBLEMAS

Manejar bloques pesados y otros materiales repetidamente pone exceso de estrés en su cuerpo. El peso de los materiales y los movimientos inadecuados de su cuerpo—como doblarse, estirarse y torcerse frecuentemente—incrementan la posibilidad de un daño muscular o de articulaciones.

MANEJO REPETITIVO
SOLUCIONES

Cambie la forma en que realiza su trabajo para reducir el riesgo de lesiones. Coloque los materiales cerca del lugar donde son necesitados. Organice el trabajo para reducir movimientos en los que su cuerpo se doble o tuerza. Mantenga los materiales cerca de su cuerpo. Tome descansos cortos para descansar sus músculos y articulaciones cuando sea necesario.

Incremente la altura de los bloques para reducir movimientos en los que su cuerpo se doble o tuerza.

Use andamios de madera enchapada de dos niveles o de albañiles para paredes exteriores de más altura.

EJERCICIO DE FORTALECIMIENTO Y ALARGAMIENTO MUSCULAR

Mejore la fuerza abdominal y el tono muscular con estos ejercicios antes de trabajar o durante los descansos. Ejercítese despacio, ¡no brinque!

Despacio haga círculos grandes hacia delante y hacia atrás con cada brazo mientras marcha en su lugar. Continúe por 1 minuto.

Párese derecho con los brazos relajados. Despacio dé un paso al frente con un pie sin que su rodilla rebase su tobillo. Mantenga el torso derecho. Regrese a la posición inicial de pie. Continúe por 1 minuto. Cambie de pierna y repita.

Párese derecho con los brazos relajados. Dé un paso largo a la izquierda y después regrese a la posición inicial de pie. Repita dando un paso a la derecha. Continúe por 1 minuto.

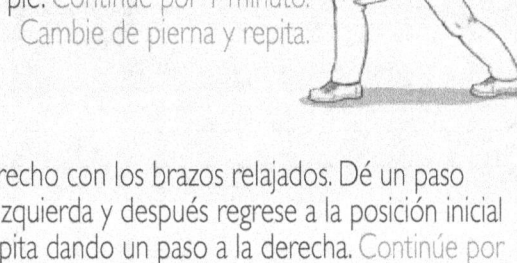

Párese derecho con los brazos relajados. Dé 5 pasos hacia el lado derecho. Dé 5 pasos hacia el lado izquierdo. Repita 5 veces.

EJERCICIO DE FORTALECIMIENTO Y ALARGAMIENTO MUSCULAR

Si tiene lastimado un músculo, articulación o disco o si experimenta dolor con el ejercicio, consulte a su médico antes de realizar ejercicios.

Sostenga una barra (o pretenda que lo hace) detrás del cuello con los brazos doblados por los codos 90 grados. Suavemente jale la barra hacia atrás lejos de su cabeza hasta que sienta que sus hombros se estiran por delante. Manténgase en esta posición por 12 segundos, relájese. Repita el ejercicio 5 veces.

Párese derecho, extienda una pierna hacia atrás contrayendo el glúteo. Mantenga el torso derecho. Manténgase en esta posición por 10 segundos. Repita el ejercicio 3 veces de cada lado.

Párese derecho, asegure los músculos del estómago jalando las costillas y la pelvis al mismo tiempo como se muestra en el dibujo. Intente apretar ligeramente los músculos del estómago (10%) al levantar objetos. Manténgase en esta posición por 12 segundos. Repita el ejercicio 10 veces.

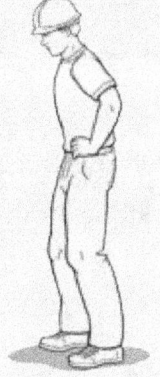

Coloque sus manos en la cadera como muestra el dibujo. Despacio dóblese hacia atrás manteniendo las rodillas derechas. No extienda su cabeza. Manténgase en esta posición por 12 segundos y repita el ejercicio 5 veces.

RESUMEN
PREVENIR LESIONES

EL MANEJO MANUAL DE MATERIALES puede ocasionar esguinces y torceduras dolorosas y daños más serios a su cuerpo. Estos daños frecuentemente se traducen en dolor, tiempo lejos del trabajo y pérdida de ingresos. Incluso daños menos serios pueden interponerse en el disfrute de actividades no relacionadas con el trabajo, como deportes y pasatiempos.

Usted puede reducir la posibilidad de sufrir lesiones serias usando prácticas de trabajo seguras y siguiendo las siguientes recomendaciones:

Colocar materiales lejos de donde serán usados y cerca del piso incrementa los riesgos de lesiones.

- Planee con anticipación para ahorrar tiempo y esfuerzo.
- Decida con anticipación en dónde quiere que los materiales sean colocados cuando sean entregados.
- Mantenga los materiales por encima del nivel del piso para reducir movimientos que estresen su cuerpo al doblarse y levantarse.

Doblar y torcer su cuerpo al levantar materiales pesados incrementa el riesgo de lesiones de los músculos y otros tejidos blandos.

- No levante ni cargue más de 50 libras por su cuenta. Consiga ayuda de sus compañeros de trabajo.
- Doble sus rodillas y levántese con las piernas.
- Sostenga los materiales cerca de su cuerpo.
- Levante madera pesada por un extremo—no por el centro—y camine hacia el centro para agarrarla.
- Use herramientas y equipo para transportar materiales pesados cuando sea posible.

RESUMEN
PREVENIR LESIONES

Levantar y bajar materiales pesados a diferentes niveles de trabajo incrementa el riesgo de dañar tejidos blandos y de otras lesiones serias.

- Levante, sostenga y cargue materiales cerca de su cuerpo.
- Use soportes y equipo para sostener materiales por encima de su cabeza.
- Use plataformas para levantar los materiales a diferentes alturas de trabajo.
- NUNCA cargue materiales con sus manos en las escaleras.
- NUNCA levante o coloque materiales pesados mientras esté parado en la escalera.
- Use equipo mecánico para levantar o bajar materiales pesados.
- Use protección para caídas como es requerido cuando trabaja en las alturas y levanta o baja materiales.

Sostener materiales por encima de los hombros sin soporte fatiga los hombros y cuello y puede ocasionar lesiones serias.

- Use herramientas y equipo para soportar los materiales.
- NUNCA soporte materiales pesados sobre su cabeza.
- Tome descansos cortos para que sus músculos y articulaciones se recuperen del esfuerzo.
- Use herramientas y equipo para soportar cargas pesadas y reducir el esfuerzo.

Levantar y colocar materiales pesados repetidamente—como bloques de concreto—incrementa el estrés físico en los mismos músculos y tejidos blandos.

- Use tablas o andamios para mantener los bloques, la mezcla, y otros materiales a la altura de la rodilla.
- No tuerza el cuerpo al cargar y colocar materiales.

PROTECCIÓN PARA TRABAJADORES
DERECHOS Y RESPONSABILIDADES

Los empleadores deben asegurar a sus empleados un lugar de trabajo libre de peligros laborales reconocidos que puedan causar daños serios o muerte. Las administraciones Federales y Estatales de Seguridad y Salud Ocupacional (OSHA por sus siglas en inglés), están encargadas de hacer cumplir las regulaciones de seguridad y salud en el trabajo para proteger a los trabajadores.

LOS DERECHOS DE SEGURIDAD Y SALUD DE LOS TRABAJADORES INCLUYEN:

- Tomar medidas por su cuenta o con sus compañeros de trabajo para proteger su seguridad y salud.
- Contactar a la OSHA para solicitar una inspección de seguridad en su lugar de trabajo.

LAS RESPONSABILIDADES DE LOS EMPLEADORES EN ASUNTOS DE SEGURIDAD INCLUYEN:

- Informar a los trabajadores sobre los peligros en el trabajo a través de capacitación y otros medios.
- Entrenar a los empleados en un lenguaje y vocabulario que ellos comprendan.
- Proveer cierto tipo de equipo de protección individual (EPI), incluida protección para caídas.

Si vive en uno de los Estados listados a continuación (o en Puerto Rico), puede obtener la información de la OSHA Estatal al llamar a OSHA Federal (1-800-321-6742) o visitar http://www.osha.gov/dcsp/osp/index.html.

Alaska, Arizona, California, North Carolina, South Carolina, Hawaii, Indiana, Iowa, Kentucky, Maryland, Michigan, Minnesota, Nevada, New Mexico, Oregon, Tennessee, Utah, Vermont, Virginia, Washington, Wyoming, y Puerto Rico.

Si vive en otro Estado o territorio de los EUA, puede contactar a OSHA Federal en: (Tel) 1-800-321-6742 o puede encontrar la oficina regional o local más cercana de OSHA Federal, al visitar http://www.osha.gov/html/RAmap.html.

PROTECCIÓN PARA TRABAJADORES
DERECHOS Y RESPONSABILIDADES

En ocasiones los empleadores clasifican a sus empleados como 'contratistas independientes', en lugar de tratarlos como empleados. Los empleados tienen derechos legales que los 'contratistas independientes' no tienen, como el derecho al salario mínimo, pago de horas extra, seguro de compensación del trabajador, seguridad y salud en el lugar de trabajo y presentar reclamos a OSHA. Los 'contratistas independientes' no tienen estas protecciones. Para más información, llame al **866-487-9243** o visite http://www.dol.gov/whd/workers/misclassification/.

SEGURO DE COMPENSACIÓN LABORAL

- Los empleadores deben tener seguro de compensación para los trabajadores para pagar los gastos médicos relacionados con accidentes y daños y otros beneficios en todos los estados excepto en Texas. Cuando los trabajadores no tienen beneficios del seguro de compensación, pueden no recibir atención médica y otros beneficios que se merecen.

- Para información sobre programas individuales de Compensación de los Trabajadores del estado visitar: http://www.dol.gov/owcp/dfec/regs/compliance/wc.htm.

LEYES SALARIALES FEDERALES Y ESTATALES

- Las leyes federales y estatales obligan a los empleadores a pagar un salario mínimo a los empleados por las horas regulares que trabajan. Si trabaja más de 8 horas al día o 40 horas a la semana, usted puede ser candidato para recibir un salario más alto por las horas extras que trabaja. Para información sobre el salario federal y los requisitos para el pago de tiempo extra, llame al **1-866-487-2365** o visite http://www.dol.gov/whd/.

- Para información sobre salario estatal individual y requisitos de pago de tiempo extra, visite http://www.dol.gov/whd/contacts/state_of.htm.

SEGURIDAD EN LA CONSTRUCCIÓN
RECURSOS

Para más información sobre la prevención de lesiones y enfermedades relacionadas con trabajo, puede revisar la información proporcionada por las siguientes organizaciones:

REGULACIONES DE LA OSHA PARA LA CONSTRUCCIÓN RESIDENCIAL
Descripción de la Administración de Salud y Seguridad Ocupacional (OSHA), regulaciones de salud y seguridad.
http://www.osha.gov/SLTC/residential/index.html

INFORMACIÓN DEL NIOSH SOBRE LA CONSTRUCCIÓN
Información gratuita sobre peligros en la seguridad y salud en la industria de la construcción. http://www.cdc.gov/niosh/construction/

CENTRO PARA LA INVESTIGACIÓN E INSTRUCCIÓN DE LA CONSTRUCCION
Fuente de información sobre seguridad y como controlar y eliminar los peligros de la salud e instrucción en la construcción.
http://www.cpwrconstructionsolutions.org/

INFORMACIÓN DE SEGURIDAD EN LA CONSTRUCCIÓN RESIDENCIAL EN EL ESTADO DE WASHINGTON
http://www.lni.wa.gov/safety/topics/atoz/topic.asp?KWID=252

ASOCIACIÓN NACIONAL DE CONSTRUCTORES RESIDENCIALES
Información sobre seguridad y salud de la asociación del negocio de los constructores. http://www.nahb.org/page.aspx/category/sectionID=616

ASOCIACIÓN DE CONTRATISTAS DE FRAMING DE CALIFORNIA (CALIFORNIA FRAMING CONTRACTORS ASSOCIATION)
Fuente de información sobre seguridad.
http://www.californiaframingcontractors.org/

INTERFAITH WORKER JUSTICE
Centros de Trabajadores Afiliados proporcionan instrucción en seguridad y salud en inglés y español y ayudan a los trabajadores con otros problemas laborales, como el 'robo de salarios'. http://www.iwj.org/network/workers-centers

SEGURIDAD EN LA CONSTRUCCIÓN
RECURSOS

Cargar y acarrear más de 50 libras incrementa el riesgo de lastimar su espalda baja. Use la lista a continuación para ayudarle a mantener el peso que maneja en alrededor de las 50 libras:

PIEZAS DE MADERA (SECADOS EN UN HORNO)

4	10 ft.	2"x4"	51 lbs.
3	12 ft.	2"x4"	46 lbs.
2	10 ft.	2"x6"	40 lbs.
2	12 ft.	2"x6"	48 lbs.
2	10 ft.	2"x8"	53 lbs.
2	10 ft.	2"x10"	66 lbs.
1	10 ft.	2"x12"	41 lbs.
2	10 ft.	4"x4"	60 lbs.

LVL PIEZAS (MADERA LAMINADA PARA PAREDES EXTERNAS O PARA BRICOLAJE)

1	10 ft.	1 3/4"x9 1/4"	47 lbs.
1	10 ft.	1 3/4"x11 7/8"	61 lbs.
1	10 ft.	1 3/4"x14"	71 lbs.

LAMINAS—MADERA LAMINADA / OSB

2	3/8 in.	4'x8'	68 / 77 lbs.
1	1/2 in.	4'x8'	45 / 54 lbs.
1	5/8 in.	4'x8'	58 / 67 lbs.
1	3/4 in.	4'x8'	68 / 80 lbs.

LAMINAS—RESPALDO DE CEMENTO

1	7/16 in.	4'x8'	96 lbs.

BLOQUES DE CONCRETO—PESO LIGERO-PESO NORMAL

1	6"x8"x16"	22 / 34 lbs.
1	8"x8"x16"	27 / 44 lbs.
1	12"x8"x16"	35 / 55 lbs.

www.ingramcontent.com/pod-product-compliance
Lightning Source LLC
Chambersburg PA
CBHW070732180526
45167CB00004B/1726